PHYSIOLOGIE

DU PATINEUR

AF452375

TYPOGRAPHIE

MONNOYER FRÈRES

Au Mans (Sarthe)

PHYSIOLOGIE

DU

PATINEUR

OU

DÉFINITION COMPLÈTE

DES PRINCIPES ET DES RÈGLES QUI S'APPLIQUENT A L'EXERCICE

DU PATIN

PAR

UN ANCIEN PATINEUR

———

PARIS

DENTU, LIBRAIRE-ÉDITEUR

Palais-Royal, galerie d'Orléans

———

1862

TOUS DROITS RÉSERVÉS

PRÉFACE

Ce livre ne prétend nullement à la célébrité. L'auteur ne le publie que comme ouvrage d'agrément, mais qui cependant n'est pas sans utilité. Il devait donc être dédié aux personnes qu'il intéresse spécialement, et le nombre en est fort grand. Les pères de famille qui désirent, pour leurs enfants, le développement des forces physiques, les jeunes gens pour qui vivre c'est se mouvoir, tous ceux qui se plaisent dans les exercices du corps,

voilà la classe de lecteurs à qui le *Traité
du Patin* s'adresse : ils y trouveront des
notions et des données qui n'avaient pas
encore paru, en France du moins.

On a dit quelque part que dût-on ne
rencontrer qu'une seule bonne chose dans
un livre, il vaudrait encore la peine d'être
lu : à ce compte-là, cet opuscule ne sera
peut-être pas indigne de l'attention du
public.

Combien y a-t-il de parents qui ne
comprennent pas la mission qu'ils ont
à remplir à l'égard de leurs enfants ! Élevés souvent eux-mêmes dans des habitu-
des sédentaires, ils n'ont aucune idée de
l'influence bienfaisante de la gymnastique
sur la constitution des individus qui s'y
livrent. L'art d'exercer le corps pour le
fortifier jouait un rôle considérable dans
l'éducation ancienne, surtout chez les

Grecs : ils avaient en honneur ces exercices qui, bien dirigés, ont pour résultat certain de développer la vigueur, de perfectionner la stature et d'assurer la santé.

Qui n'a vu bien des fois, dans les grandes villes principalement, ces jeunes et faibles conscrits, pour qui les mères redoutaient tant la vie des camps, revenir, après le temps du service, avec un visage mâle, basané par le soleil d'Afrique, le corps rompu aux fatigues et dénotant une santé robuste? Partis chétifs, la vie des camps les rendait à leurs foyers pleins de force, de fierté, de franchise et de courage.

Parmi tous les exercices qui sont pour le corps l'aliment de la santé, l'art de patiner occupe, sans contredit, une des premières places.

A ce point de vue, cet ouvrage se re-

commande aux chefs de famille, aux di-
recteurs de colléges et pensionnats, à ces
jeunes gens du monde qu'une vie molle a
trop efféminés, et qui ont besoin de se re-
tremper dans le mouvement et l'énergie ;
il se recommande enfin, et l'on pourrait
dire tout d'abord, aux amateurs du patin.
L'auteur ose espérer qu'on lui saura quelque gré de son entreprise : une lacune
existait, il a voulu la combler. C'est au
public à juger s'il s'en est bien acquitté.
Mais, avant tout, il réclame l'indulgence,
en faveur du but qu'il s'est proposé.

INTRODUCTION

Il existe un art généralement peu apprécié dans le monde, et qui trouve peu de personnes disposées à courir les chances exagérées de danger qui semblent en être inséparables. C'est l'art du patineur.

Il est à regretter qu'un traité de cet exercice n'ait pas été fait, qui en donnât la théorie et en établît les principes. Peut-être n'a-t-on pas jugé le sujet assez important.

Nous avons l'intention de remplir cette lacune.

La France, suffisamment privilégiée dans sa partie nord pour que l'on puisse se livrer à l'exercice du patin, est loin d'offrir le même avantage sur toute sa surface. Les provinces du centre et de l'est procurent encore l'occasion de satisfaire ce goût; mais, dans celles du Midi, il faut complétement y renoncer.

Paris, cette ville des arts de toute espèce, cette réunion des célébrités en tous genres; Paris, par sa latitude, la moins favorisée de toutes les capitales où l'on s'adonne aux plaisirs de la glace, compte cependant les meilleurs patineurs.

Cela tient peut-être à ce que les supériorités de tous les pays y affluent, que les étrangers y apportent le contingent de leurs talents, de leur savoir, et contribuent ainsi à perfectionner beaucoup de choses en France. Mais ne pourrait-on pas dire, appuyé sur l'expérience, que l'esprit de la nation française la porte à sortir des sentiers battus de la routine, et souvent même à se jeter dans l'exagération?

Certes, sous le rapport de la question que nous voulons traiter, il faut rendre justice aux peuples du Nord; prendre en considération la force d'aplomb remarquable des Allemands, des Danois, des Hollandais surtout.

En Hollande, en Belgique, de nombreux canaux, une fois gelés, permettent de pratiquer l'exercice du patin des mois entiers. L'hiver étant généralement de longue durée dans ces contrées, on se sert communément de cette chaussure pour la facilité des communications.

On doit apprécier, chez les Polonais, une grande solidité, et cette grâce qu'ils apportent dans tout ce qu'ils font. Les femmes, couvertes de chaudes fourrures, parées du costume national si coquet, participent, de la manière la plus active, à —tous ces joyeux divertissements.

Que ne dirons-nous pas des Russes, élevés au milieu des frimas, sous une température qui, dans l'hiver, n'est jamais moindre de 12 à 15 degrés centigrades au-dessous de zéro, descendant même à 22 et 25, et cela durant une période de trois ou de quatre mois?

De là ces fêtes de la Néva, ces palais de glace, armés de canons de glaces chargés à poudre et tirés avec des boulets de glace.

Autrefois, à Venise, sous les splendeurs d'un soleil éblouissant, le doge venait en grande pompe épouser la mer, source des richesses de cette reine dégénérée de l'Adriatique. Aujourd'hui encore, à Saint-Pétersbourg, l'empereur de Russie, accompagné de toute sa cour, vient, le 6 janvier, jour des Rois, tête nue, bénir la Néva, cette artère féconde du Septentrion. N'est-il pas remarquable de retrouver dans des climats si opposés, chez des peuples dont les mœurs diffèrent sous tant de rapports, des cérémonies qui, dans leur symbolisme, ont entre elles plus d'une analogie ? _

Nous n'entrerons pas dans de grands détails sur les peuplades qui avoisinent les pôles ; nous aurons d'ailleurs occasion de parler du genre de patin dont elles font usage.

Il faut donc accorder à toutes ces nations du Nord une supériorité incontestable dans l'exercice du patin ; reconnaître, chez elles, ces hommes forts, robustes, droits, calmes, s'écartant rarement d'un certain genre de patiner, solide, il est vrai, mais dénué de grâce et de souplesse ; en un mot, trop méthodiques et trop compassés.

D'ailleurs qu'on se persuade bien que l'exercice du patin exige plus de forces, plus de travail qu'on ne le supposerait. Les diverses poses du patineur ont l'air d'être prises tout simplement, sans secousses, sans tension de muscles, par conséquent sans fatigue. Il n'en est rien cependant. Les chutes, très-rares pour l'homme consommé dans la pratique, ne laissent pas que d'être le partage du commençant ; elles peuvent à coup sûr le rebuter. Mais si l'on en garde parfois des souvenirs douloureux, hâtons-nous d'ajouter qu'elles ne sont presque jamais graves (1).

(1) Nous affirmons que, dans notre longue pratique, bien que nous ayons vu souvent tomber des patineurs,

« Combien de gens, persuadés d'une réussite que leur amour-propre ne mettait pas en doute, ont voulu chausser le patin, puis, après quelques déboires, y ont renoncé pour toujours !

Nos voisins du Nord, avec leur taille plus élevée que la nôtre, leur tempérament plus froid, leur esprit plus réfléchi, s'aventurent beaucoup moins dans les coups de patin hasardés, brusques, scabreux parfois ; ils savent éviter les extrêmes, qui sont, pour ainsi dire, le cachet de notre caractère national.

Paris néanmoins est, à notre avis, la ville qui possède les meilleurs patineurs ; c'est là qu'il faut étudier les maîtres, pour comprendre tout le développement dont l'art du patin est susceptible.

ce qui n'a pas manqué de nous arriver à nous-même, nous n'avons jamais constaté d'accidents sérieux.

Pour y réussir il faut une certaine dose d'adresse, un caractère résolu et entreprenant, une volonté ferme, décidée à triompher des obstacles qui assiégent tout art à ses débuts.

Nous dirons à ceux qui ne croient pas avoir ces qualités : Demeurez en repos ; ne faites pas de vains essais, qui n'aboutiraient qu'à vous rendre ridicules.

Qu'on regarde les étrangers, qu'on examine leur façon de patiner ; ils sont généralement raides, guindés, ne cherchant en rien à relever un art dont tout le mérite consiste en des attitudes moelleuses, des poses flexibles, des mouvements souples et gracieux ; ils ne sortent pas de leur méthode franche, solide, bien déterminée, mais restreinte dans ses effets, et n'offrant jamais de dangers.

Il y a toutefois à cette froide symétrie

de nombreuses exceptions. Nous avons connu, en Allemagne, des patineurs d'une vigueur à toute épreuve : ils franchissaient des espaces de deux mètres, sautaient par-dessus deux ou trois chapeaux superposés, par-dessus même de petits traîneaux destinés à promener les dames. Ce sont là des organisations privilégiées, douées d'une souplesse extraordinaire, de forces musculaires que l'on rencontre rarement (1).

Mais trêve à ces comparaisons qui ne prouvent qu'une chose : c'est que chaque peuple a ses qualités propres. Contentons-nous de signaler les différents genres que l'on adopte, afin de mettre nos lecteurs à même d'en faire leur profit.

(1) Le baron de Brinken, ancien page de Jérôme, roi de Westphalie, depuis général de division en Autriche, exécutait tous les tours de force dont nous parlons.

La capitale de la France, avons-nous dit, produit ou possède les patineurs les plus renommés. Elle le doit à sa nombreuse population flottante, à ses écoles qui renferment l'élite de la jeunesse, et surtout à ses gymnases qui forment journellement des sujets dignes de figurer à côté des meilleurs acrobates.

Tout cela devait faire surgir des célébrités du patin. C'est ce qui est arrivé. On a vu régulièrement sur les bassins de Paris, à la Glacière, au grand canal de Versailles, nombre de réputations dans cet art, bien acquises, mais qui s'effaçaient devant des maîtres du premier ordre. C'est là qu'ont brillé tour à tour, sous nos yeux, les Garcin, les Gagelin, Pitro, artiste dramatique, Horace Vernet, l'une des gloires de notre époque, lequel excellait dans tous les exercices du corps; le fils d'un colonel, victime, aussi regrettable que le maréchal Ney, des troubles de 1815; et pour citer une date plus reculée, le célèbre Saint-Georges, dont l'adresse incroyable ne fut jamais surpassée (1).

Nous avons eu pour professeur un contemporain et ami de ce fameux mulâtre. Ce qu'il nous en a raconté est bien au-dessus de tout ce que l'on peut imaginer, et donnerait à l'esprit une satisfaction complète si avec ces tours de force, avec cette main si habile à manier une arme quelconque, on n'eût pas eu, dans certaine circonstance, à lui reprocher de la pusillanimité (2).

(1) On a dit, à tort, que Saint-Georges écrivait son nom sur la glace en patinant. Nous déclarons le fait impossible. Il en sera parlé plus loin.

(2) Saint-Georges ayant un jour gravement molesté un jeune homme, ce dernier exigeait une rétractation

L'hiver, ordinairement si triste, si sombre, si monotone, cette saison si redoutée des vieillards, et qui accable de tant de maux l'homme imprévoyant, l'hiver a cependant des charmes et procure des plaisirs nombreux. D'abord il fortifie les organes, il donne du ton et de l'énergie à tous les tissus de la peau ; on peut alors soumettre le corps à des épreuves qui altéreraient considérablement la santé dans la saison des chaleurs. L'estomac supporte des repas copieux, les bals fatiguent moins, les théâtres peuvent, sans enfreindre les lois de l'hygiène, se garnir d'une foule compacte ; les réunions de

ou un duel au pistolet, à cette condition qu'une arme seule serait chargée.

Saint-Georges refusa toute satisfaction, en disant, comme ce général qui se fit une déplorable renommée au tir au pistolet : « Je risque ma vie, je ne la joue pas ! »

famille, les sociétés de coin du feu brillent de leur plus vif attrait.

C'est alors aussi que les eaux, formant une surface solide, attirent les amateurs du patin, les engagent à se livrer à cet exercice, assurément l'un des plus salutaires ; ils y développent à l'envi toute la grâce de leurs mouvements, toutes les ressources de leur adresse, surtout si un public nombreux, si d'élégantes jeunes femmes les regardent, les admirent, et leur accordent quelques-uns de ces applaudissements si doux de la part de la beauté : car, il ne faut pas se le dissimuler, une galerie est nécessaire au patineur ; éloignez les spectateurs, plus d'attrait pour lui ; le même homme qui, un moment auparavant, s'élançait avec ardeur, affrontait même le péril, tombe dans une espèce d'atonie, s'il n'a plus, pour l'animer, ce stimulant qui exaltait son audace, ces regards de la foule, ces cris d'admiration qui le payaient glorieusement de ses efforts.

Sous le rapport des plaisirs que peut offrir la glace, l'hiver de 1860-61, déjà loin de nous, a été tout exceptionnel.

Pendant un grand mois qu'a duré la gelée, à combien de parties de plaisir n'a-t-elle pas donné lieu? N'avons-nous pas vu l'Empereur lui-même, au lac de Boulogne, ne pas dédaigner le cothurne du Nord, se livrer, d'une manière remarquable, aux évolutions les plus hardies? L'Impératrice n'est-elle pas venue embellir, comme toujours, par sa présence, ces fêtes où chacun, stimulé par un radieux soleil d'hiver, cherchait à se surpasser en joie, en gaieté folâtre?

Le *Figaro* cite, à ce sujet, une anec-

dote caractéristique, dont nous lui deman-
dons la permision de nous emparer.

« Dernièrement un patineur enthou-
siaste arriva sur le lac gelé du bois de
Boulogne, tenant par la main une ravis-
sante petite fille dont les joues empour-
prées par la bise ressemblaient assez à
deux tartines de confitures.

« Le père, — nous croyons que c'était
le père de l'enfant, — plaça la petite fille
dans un traîneau, chaussa ses patins et
se mit en devoir de pousser devant lui
le léger véhicule, lorsqu'il en fut empêché
par je ne sais quel accident arrivé à la
courroie de son patin.

« Un spectateur qui n'avait perdu ni
l'embarras du père, ni la moue charmante de l'enfant, s'approcha du traîneau
où reposait la petite fille et, la poussant
vivement devant lui, lui fit faire le tour

du lac, puis ramena l'enfant près de son père.

« La petite fille remercia l'obligeant conducteur par son plus frais sourire. Le père demeura interdit...

« L'Empereur sourit avec bonté et, d'un coup de patin, disparut dans la foule. »

Tel est le goût de Sa Majesté pour le patinage, qu'elle a voulu se donner à elle-même le spectacle d'une de ces fêtes au flambeau dont la Serpentine, à Londres, était récemment le théâtre. Ce festival de l'hiver, qui marquera dans les fastes du sport, a trouvé dans M. Paul d'Ivoi, un des chroniqueurs de la *Patrie*, un historiographe non moins fidèle que Dangeau.

« C'est sur le lac de Longchamp, près de la grande cascade, raconte M. Paul d'Ivoi, que cette fête a eu lieu. On avait empêché le public de descendre sur la glace de ce lac, de sorte qu'elle était restée unie comme une des vastes glaces de Saint-Gobain. Ce lac de Longchamp est entouré d'un rideau de grands arbres qui le cache et qui, en circonscrivant la fête, devait lui donner plus d'éclat.

« Vers huit heures, la nuit était déjà très-noire, le ciel brumeux ne laissait tomber aucune clarté. Tout était noyé dans une teinte neutre foncée, lorsque tout à coup apparaissent des hommes portant des lanternes. Une demi-teinte transparente glisse à travers la brume sur la surface unie du lac. La lumière furtive ruisselle sur les troncs d'arbres couverts de cristallitions, s'accroche aux branches en paillettes phosphorescentes. Quelques hommes s'avancent silencieusement sur le sol, comme des fantômes. Bientôt on voit des lumières de couleur s'allumer toutes seules aux arbres et faire trembloter leur jaune auréole sur le fond encore obscur. Les lumières se multiplient, jaillissent de toutes parts, courent en guirlandes d'un arbre à l'autre comme des lianes de feu ; ces lianes grandissent, enveloppant tous les arbres, depuis leur pied jusqu'à leur cime la plus élevée. A neuf heures, ce lac immobile miraculeusement illuminé et désert, avec ces mille flammes de toutes les couleurs reflétées dans le miroir glacé, offrait un aspect vraiment merveilleux et qu'on ne saurait décrire.

« Des nattes de paille et des tapis avaient été étendus sur la berge, pour que l'on pût descendre sur la glace sans danger de glisser.

« Une tente élégante avait été dressée

sur le lac, à l'extrémité duquel s'était
élevé comme par enchantement un buffet
splendide et appétissant.

« Autour du lac, sur la glace, circu-
laient une multitude d'hommes coiffés
d'une sorte de casque de cuivre poli
surmonté d'une lanterne. Environ deux
cents traîneaux, tout enguirlandés de
fleurs et de lanternes chinoises, atten-
daient rangés sur le bord.

« A neuf heures, les voitures commencent à arriver. De nombreux équipages
étincelants amènent l'élite de la société
parisienne ; quelques minutes après neuf
heures, LL. MM. l'Empereur et l'Impératrice sont arrivés et sont immédiate-
ment descendus sur la glace. Un traîneau splendide avait été préparé pour
S. M. l'Impératrice, mais elle a refusé
de s'en servir et a préféré patiner.

« On ne laissait descendre sur la glace que les patineurs et les dames qui voulaient aller en traîneau. Les hommes qui patinaient portaient tous des torches, des tridents de feu ou des guirlandes de lanternes chinoises, suspendues au bout de longs bambous.

« Rien ne peut donner une idée de l'éclat et de l'animation de cette fête. Les traîneaux fuyaient rapidement, poussés par des mains galantes ; la glace se rayait de toutes parts sous l'acier affilé comme se raye un miroir sous un diamant ; c'était un joyeux va-et-vient de personnages coquettement vêtus de velours et de fourrures. L'animation était à son comble. Grâce au salutaire exercice du patin, on ne sentait pas le froid, et, sur les joues des femmes, s'épanouissait un incarnat qui n'était pas produit par l'âcre baiser de la bise. Autour du lac se pressait une foule de spectateurs aristocratiques, en toilette et tout emmitouflés de fourrures.

« On y voyait comme en plein jour, et cependant, de moments en moments, toutes ces lumières si brillantes s'éteignaient subitement, noyées qu'elles étaient dans une clarté plus intense. Tantôt la lumière électrique allumait dans le ciel un nouvel astre, un soleil aux rayons bleuâtres comme ceux de la lune. Tantôt on eût dit que des incendies s'allumaient dans le bois. C'étaient des feux de Bengale verts, jaunes, bleus, rouges, qui jetaient une lueur incandescente ; on entendait les crépitements de l'incendie, et des nuages de fumée couleur d'agate formaient comme un dôme mobile au-dessus du lac. Lorsque les feux rouges dominaient, l'effet était surtout merveilleux. Tout prenait des flamboiements étranges, l'air semblait s'enflammer, on respirait du feu, les troncs d'arbre s'allumaient, la surface de la glace rougissait comme un lac de lave, un rose incendie dévorait les branches des arbres. On ne serait cru dans une salle ornée de stalactites de métal en fusion ; les yeux jetaient des étincelles rouges, les habits se teignaient de pourpre. C'était un enfer, un véritable enfer d'Opéra, un enfer de feu à dix degrés au-dessous de zéro pour ceux qui ne patinaient pas.

« Les costumes des femmes qui patinaient étaient charmants, sans avoir rien d'étrange ; elles portaient le petit chapeau russe à bords relevés ; les jupes des robes, retroussées par des pages d'acier, avaient la tournure des robes du temps de Louis XV, et laissaient voir des jambes coquettement chaussées de longues guêtres de maroquin.

« Le buffet était sans cesse entouré de patineurs, auxquels on offrait du punch, du vin chaud et des glaces. Tous ces paneurs et ces patineuses étaient, vous le savez, gens de la meilleure compagnie, et les choses se sont passées là avec la même urbanité qui règne dans un salon. Parmi les patineurs, nous avons reconnu le prince et la princesse Murat, le comte et la comtesse de Morny, le marquis et la marquise de Galiffet, mesdames la baronne de Renneval, la baronne de Cazes, la princesse Poniatowska, MM. de Castelbajac, de Pierres, etc., etc., etc. L'Empereur a patiné une partie de la soirée. Lorsque l'Impératrice patinait, MM. Stevens et Roullaux du Gage avaient l'honneur de donner la main à Sa Majesté.

« La fête a duré jusqu'à une heure du matin. A une heure, tous étaient partis, emportant de là le souvenir d'une soirée charmante et le désir de recommencer. »

L'élan était donné; l'émulation fit les frais de ces parties de plaisir : plusieurs de nos villes de province voulurent imiter Paris : on vit alors des traîneaux illuminés circuler en tous sens sur la glace, des flambeaux, des lanternes improvisées apparaître, comme par enchantement, sur tous les cours d'eau. Aussi ce nouveau genre d'amusement produisit un effet tel, que l'hiver de 1864 laissera un souvenir durable (1).

(1) Les Anglais, ce peuple si sérieux, se sont également réunis en fêtes de nuit à Hyde-Parc. Là, malgré

Nous avons assisté à quelques-unes de ces fêtes émouvantes ; nous-même, vieux praticien du patin, nous avons osé aborder de nouveau la glace, et nous avons risqué les chutes, souvent dangereuses dans l'âge avancé.

Nous avons eu occasion d'examiner des jeunes gens pleins d'ardeur, s'escrimant, se débattant, luttant, tout en sueur, avec un courage digne d'un meilleur sort, contre des difficultés qu'ils croyaient insurmontables. Nous en avons conclu qu'une théorie bien démontrée, que des explications nettement définies, les leur eussent considérablement aplanies.

Nous nous sommes dit : Comment se fait-il que la gymnastique, l'escrime, la

la sévérité de la consigne qui fait fermer les portes à la chute du jour, ils se sont oubliés des nuits entières à patiner, à la lueur des lampions, des torches et des flambeaux.

danse, la paume aient leurs professeurs, et que le patin n'ait pas les siens ? Comment n'a-t-on pas encore songé à en décrire les règles, à en fixer les principes dans un ouvrage élémentaire ? Combien l'on eût facilité cet apprentissage, qui effraie tant de gens timides !

Il est certain que l'homme qui glisse, chancelle, se rattrape pour retomber encore, doit être singulièrement désappointé.

Dans le jeune âge, tous ces accidents n'ont aucune suite funeste. Aussi les parents devraient familiariser de très-bonne heure leurs enfants avec tout ce qui est exercice d'adresse.

Il résulte donc, de ce qui vient d'être dit, qu'un traité clair, précis, indiquant une classification, un point de départ, une base enfin, est appelé à rendre ser-

vice (1). Les explications qu'on y trou-
verait donneraient la clé des progrès à
réaliser. Les jeunes adeptes y puiseraient
des renseignements qui les mettraient en
garde contre la raideur, la gaucherie, les
efforts pénibles, résultat ordinaire du
manque de savoir.

Combien, en effet, de patineurs, d'ailleurs très-hardis, très-solides, prennent,
sans s'en douter, des attitudes choquantes,
se livrent à des poses qui sont le contre-
sens direct des lois de l'équilibre, et,
pleins de confiance dans leur fausse appréciation, semblent s'y complaire avec
un air de parfaite satisfaction !

Il était nécessaire, en outre, de rappe-

(1) On ne trouve plus rien qui parle de l'exercice
du patin. Il parut, en 1813, une petite brochure, par
Garcin, intitulée : *Le vrai Patineur*. Cette brochure
donnait de très-bonnes définitions. Elle est complète-
ment épuisée.

ler des noms oubliés, des pas exécutés par les maîtres qui nous ont précédés et auxquels nous devons de la reconnaissance. En consultant les faits, en rapprochant les idées émises, nous avons cru devoir établir la qualification des divers coups de patin dont nous donnons la définition.

Jusqu'ici nous n'avons parlé que de l'agrément que procure l'exercice du patin, des sensations variées qu'il fait naître, des voluptés que causent les ondulations qui en sont l'accompagnement obligé. Il nous reste à faire ressortir son utilité.

La Hollande, la Belgique, et même la partie de la France limitrophe à ce dernier pays, sont, comme on l'a dit déjà, sillonnées de cours d'eau en tous sens. Rien de plus curieux que de voir, dans l'hiver, ces mille réseaux, durcis par la gelée, se couvrir d'une population active, circu-

lant et vaquant à ses affaires. Les paysan--
nes, après avoir eu soin de placer leurs
petits enfants sur de légers traîneaux
qu'elles dirigent, se chargent de leurs
denrées pour le marché voisin; chaussées de mauvais patins, un panier d'œufs
sur la tête, souvent même la pipe à la
bouche, les voilà parties pour vendre leur
beurre et leur fromage, sans qu'aucun accident vienne trahir leur adresse.

On pourrait citer aussi les peuples de
la Laponie suédoise, confinés dans des
solitudes couvertes de neiges éternel-
les. Les habitants de ces plaines de
glace les parcourent dans leurs voyages,
dans leurs chasses, au moyen de patins
dont la forme et l'usage s'éloignent considérablement de ceux que nous em-
ployons.

L'art du patineur offre encore des

avantages qui certes ne seront pas contestés. N'est-ce pas en y déployant l'adresse et les grâces du corps que l'on attire, que l'on captive le spectateur? N'est-ce pas par le désir de voir, d'admirer et de plaire, que les femmes surtout viennent prendre part à ces gracieux ébats?

Eh bien! que de liaisons, devenues intimes, ont commencé sur la glace; combien de cœurs se sont échauffés dans des corps grelottant sous la rigueur du froid! Quelle est la femme, ordinairement si vive, si impressionable, si curieuse de tout ce qui lui paraît excentrique, qui puisse rester indifférente, impassible devant ces lignes régulières, ces contours moelleux, ces volutes symétriques qui font ressortir, chez l'homme qui les exécute, les brillants avantages de la jeunesse, rehaussés par le charme séduisant des poses?

Qu'on nous permette de citer à l'appui un fait dont nous avons été le témoin et le confident. Un de nos amis, d'un régiment de lanciers à Versailles, s'évertuait sur le grand canal, avec tous les agréments physiques dont il était doué. Deux dames mises avec une parfaite distinction l'examinaient déjà depuis quelque temps. L'une d'elles, la plus jeune, semblait porter une attention particulière aux évolutions de notre officier. Un faux pas, causé par une pierre, le fit, un moment, chanceler ; la chute était imminente : il sut l'éviter. Mais un léger cri avait trahi une émotion féminine. Il tourne aussitôt la tête de ce côté, et deux regards se rencontrent..... Trois mois plus tard on célébrait un mariage à l'église Saint-Louis.

Deux charmants enfants sont venus, depuis, mettre le comble au bonheur des époux qui, aujourd'hui, sont peut-être les deux êtres les plus heureux en ménage.

Une Revue contemporaine (1) parlait dernièrement en ces termes d'évolutions exécutées sur la glace par les rifle-volontaires du Lincolnshire, en Angleterre :

« Dans le comté de Lincoln, le drainage, exécuté au moyen de canaux innombrables, présente l'aspect d'un réseau aquatique, qui coupe en tous sens les vastes plaines.

« Les Anglais, gens toujours ingénieux, viennent de découvrir un nouvel avantage à ce système de canaux et de fossés qui sillonnent le pays. Dernièrement, dès que

(1) *Le Monde illustré*, n⁰ du 2 février 1861.

l'eau de ces canaux fut gelée, et que leur surface eut offert une résistance suffisante, l'idée est venue aux rifle-volontaires du Lincolnshire d'exécuter une marche militaire sur ces chemins rapides.

« Le 28 décembre 1860, le régiment, composé de trois compagnies, s'est rendu sur ces canaux. Chaque soldat a chaussé le patin, et, sur un signal donné par le clairon, a fait sur la glace les mêmes évolutions que celles qu'il accomplit sur le champ de manœuvres. »

Mais voici un épisode de guerre, qui eut probablement des résultats plus importants. Si M. Thiers, quand il écrivit son ouvrage monumental *du Consulat et de l'Empire*, en avait eu connaissance, il n'aurait certainement pas manqué d'en parler. Cette particularité est d'ailleurs

tout à fait spéciale au sujet qui nous occupe, et présente un intérèt qui flatte
notre amour-propre.

Dans le précoce hiver de 1806, après
la bataille d'Iéna, le maréchal Mortier
recevait l'ordre de l'Empereur de s'emparer, *sans retard*, des villes anséati-
ques (1). L'officier d'état-major, à qui nous
tenions de très-près, chargé de trans-
mettre cet ordre, se trouvait à l'embou-
chure de l'Elbe qu'il fallait passer, et
qui, en cet endroit, n'a pas moins de
douze kilomètres de largeur. Il s'agissait
de trouver un pont. C'était un détour à
faire de trente-cinq kilomètres en descendant, et autant pour revenir de l'autre
côté, à peu près en face du point de départ. Cet officier, comprenant la valeur

(1) *Histoire du Consulat et de l'Empire*, par M. Thiers,
tome VII, page 223.

du temps en pareille circonstance, ne balança pas à prendre une résolution qui aurait pu lui devenir funeste. Il se procura des patins, franchit rapidement l'espace qui le séparait de l'autre rive, et parvint, par ce moyen ingénieux et hardi à la fois, à remettre la dépêche dix heures plus tôt qu'il n'eût pu le faire par la route ordinaire.

Nous croyons en avoir dit assez, pour faire accorder quelque valeur à ce petit livre , ne serait-ce que celle de la nouveauté ; de l'à-propos peut-être, car l'hiver va bientôt revenir et permettre aux patineurs de reprendre leurs progrès interrompus.

Ce travail n'a été entrepris que dans le but seul d'être utile. Puissent ceux qui croiront en retirer un avantage l'accueillir avec bienveillance, tout imparfait qu'il est; et surtout ne voir dans nos efforts qu'un désir, celui de donner, pour les amateurs du patin, une théorie que nous n'avons acquise qu'à force de travail et de persévérance. Nous n'ambitionnons pas d'autre récompense.

PHYSIOLOGIE
DU PATINEUR

Avant d'entrer en matière sur les règles relatives au patin, il est essentiel de donner quelques avis sur la manière de reconnaître la solidité de la glace. Différentes sortes de patins doivent être aussi le sujet d'un examen attentif, ainsi que les moyens pour les fixer.

DE LA GLACE

On ne saurait trop prémunir les jeunes gens contre les accidents fréquents qu'occasionnent les glaces faibles. Et cependant aussi c'est leur rendre service que de les engager à ne pas s'effrayer mal à propos. Le sang-froid dans le danger est l'apanage de l'homme courageux : le péril doit être apprécié à sa juste valeur ; il faut s'en rendre compte et ne le voir que là où il existe réellement.

Un principe des plus importants à observer, et dont il ne faudra jamais se départir, c'est de ne s'aventurer, dans aucune circonstance, sur une eau profonde quand le dégel a commencé, encore moins sur une eau courante.

Lorsque le thermomètre est remonté au-dessus de zéro, les surfaces glacées perdent toute leur consistance. Elles s'amollissent et tournent en quelque façon à l'état de neige. Si elles venaient à se rompre sous le poids de l'homme, elles ne se briseraient pas en laissant seulement un trou, elles s'effondreraient sur une grande étendue. Il est donc toujours dangereux de s'y risquer.

Un froid de deux et trois degrés, pendant deux jours, permet d'aller à la Glacière, parce que l'eau, y étant peu profonde et tranquille, s'y gèle de bonne heure ; mais le canal de l'Ourcq exige déjà un froid continuel de quatre degrés au moins, pendant cinq et six jours. Il en est de même du canal de Versailles.

Quant à l'étang du bois de Boulogne, cette création nouvelle, il est trop fréquenté et surveillé avec trop de soin pour que nous ayons à nous en occuper.

Quand il gèle à 8 ou 10 degrés, la glace acquiert une densité et une force remarquables. Elle ne serait épaisse que de 2 à 2 1/2 centimètres, qu'elle supporterait parfaitement sur une eau dormante. Les rivières et tous les courants demandent plus de précaution.

Voici ce qui se passait autrefois à Mayence, où il est aujourd'hui fortement question de construire un pont fixe. Le Rhin, dans son courant rapide, charrie, tous les hivers, d'énormes glaçons promptement formés. On pourrait croire que, dans ces moments difficiles, il serait dangereux de le traverser en bateau. Nous avons été témoin que la circulation y restait établie par les mariniers très-peu de temps avant la prise du fleuve. C'est alors qu'il se présente un fait assez remarquable, dont les personnes prudentes pourront faire leur profit : les glaces amoncelées venant enfin à se tasser et à se serrer les unes contre les autres, le courant disparaît, et la surface consolidée est prise. Un homme, auquel la ville alloue un traitement pour ce genre de service, s'élance aussitôt, soutenant une perche au-dessus de sa tête, et, d'un pas résolu, gagne l'autre bord. A peine y est-il arrivé, que toute la population se précipite avec enthousiasme sur le fleuve. Les communications se rétablissent au même instant. Une heure après, les voitures se frayent un chemin à travers les aspérités gelées et circulent librement d'une rive à l'autre. Un conseil à donner à nos lecteurs, c'est de se servir de la perche dans les cas douteux, nous l'avons, pour notre propre compte, souvent employée comme garantie et comme sécurité.

DES DIFFÉRENTES ESPÈCES DE PATINS

Patin vient d'un mot grec (παθέιν) qui signifie marcher. Il y en a de plusieurs sortes, tous modifiés en raison du genre de service auquel on les destine. Cependant, à peu d'exceptions près, ils ont tous une grande analogie entre eux. Dans l'enfance de l'art, à une époque probablement très-reculée, le patin fut, sans doute, des plus simples. C'est ainsi que dans la Flandre on voit encore des enfants se servir d'une côte de cheval, maintenue par des ficelles attachées aux deux extrémités du soulier. L'arête saillante de l'os entame suffisamment la glace pour qu'il soit possible de s'y laisser glisser d'une jambe à l'autre. Certes ici la dépense n'est pas ruineuse, et l'apprentissage se fait à peu de frais.

Mais voici un genre de patin singulier, on ne comprend guère, de prime abord, son application : c'est celui en usage chez les peuples de la Laponie suédoise, de la Norwége et autres qui avoisinent les pôles. Il consiste en deux planches minces de sapin : l'une de deux mètres environ de longueur, relevée par le bout, est assujettie à la chaussure ; l'autre, plus courte, bombée, est unie à la première et placée sous le pied. Ces deux planches n'ont pas plus de 6 à 7 centimètres de largeur. Les habitants de ces plaines désolées parcourent ainsi équipés, un long bâton pointu à la main, ces vastes solitudes couvertes de leur linceul de neige. Ils voyagent de la sorte, se dirigeant avec une adresse extrême et une vitesse incroyable. C'est le moyen qu'ils emploient pour chasser et prendre les animaux à la course, sans jamais être arrêtés par les inégalités de terrain et les obstacles.

Il est inutile de donner ici la description du patin ordinaire, trop connu de tout le monde pour y arrêter le lecteur. Il suffit de savoir qu'il varie, en général, par la forme du fer

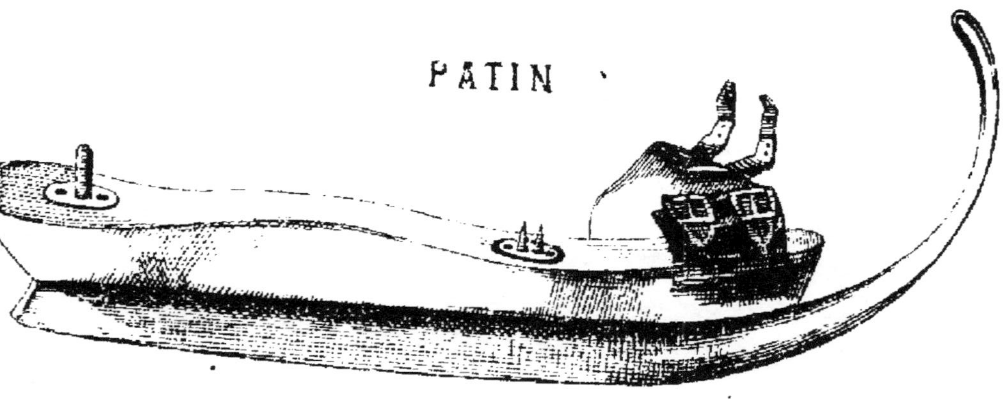

PÂTIN

Réduction au tiers.

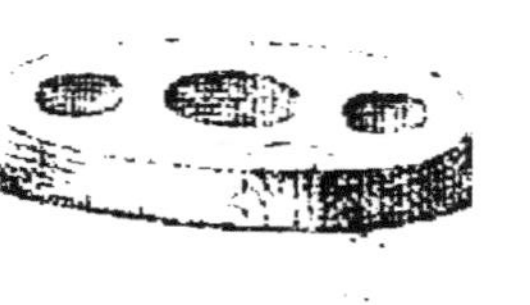

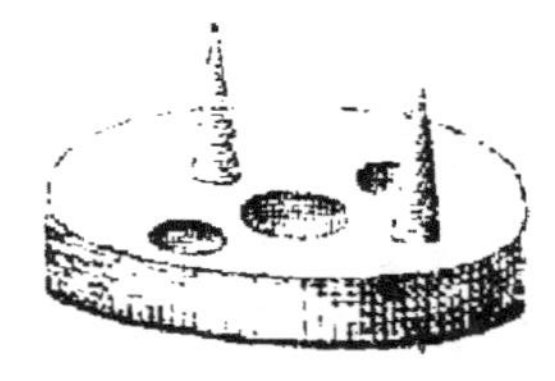

RONDELLES

grandeur naturelle.

plus ou moins long, plus ou moins épais, plus ou moins cambré ou bombé, cannelé ou non cannelé.

En Hollande, où l'on voyage beaucoup sur les canaux, il fallait des patins entamant peu la glace, afin de pouvoir courir plus vite. Aussi les lames en sont-elles épaisses, non cannelées, les becs longs et recourbés. Cette dernière condition ne présente aucun inconvénient, tant qu'il ne s'agit que d'aller devant soi ; mais, pour des exercices plus compliqués, les accidents sont à craindre.

L'Allemagne est en possession de fournir à la France presque tous les patins qui s'y vendent. Ils sont généralement cannelés. Toutefois, nous conseillerons aux élèves d'adopter de bonne heure ceux qui ne le sont pas. Ils s'habitueront, avec le temps, à leur usage, difficultueux, il est vrai ; mais, par la suite, ils en retireront un avantage qui les indemnisera amplement de leurs peines. Ces patins ont une supériorité incontestable, en ce qu'ils diminuent les efforts, facilitent la vitesse et permettent de s'exercer sur des glaces fatiguées ou même couvertes d'une légère couche de neige (1).

Quant à la longueur de la lame, elle doit être proportionnée à celle du pied. On peut établir, en thèse générale, que les lames courtes, cambrées, font rétrécir les cercles et qu'elles facilitent infiniment les pirouettes, tandis que les lames longues et redressées entraînent davantage à se livrer aux coups de patin allongés. Ainsi donc, les lames plus ou moins longues, plus ou moins bombées en dessous, déterminent et caractérisent, par leur emploi, les différents genres qu'adoptent les patineurs.

(1) Les lames peu élevées au-dessus du sol contribuent à maintenir l'équilibre. Les commençants peuvent les employer au début; mais le meilleur est d'employer de suite la hauteur voulue.

Il est nécessaire aussi de faire arrondir la pointe du talon du fer, afin de franchir plus facilement les petits obstacles qui se rencontrent fréquemment sur la glace.

PATINS A ROULETTES (1)

Il reste encore à parler d'une invention qui n'est pas sans offrir quelque agrément, mais dont les résultats sont par trop restreints pour qu'il soit nécessaire de donner la description de ce genre de patinage excentrique. Qui n'a vu d'ailleurs les ballets du *Prophète*, du *Pied de Mouton*, où ces exercices produisent un effet plein de charmes ? Cependant, avec la meilleure intention, il n'est pas possible de comparer les parquets, les asphaltes, à la surface polie, brillante, d'une belle glace qui peut seule, par son étendue, permettre au patineur les évolutions les plus hardies.

FIXATION DES PATINS

Quand la forme des patins aura été choisie et arrêtée, il faudra s'occuper de les fixer

(1) Le patin à roulettes fut, dit-on, inventé par M. Garcin, déjà cité dans cet ouvrage.

convenablement. Ici la difficulté devient sérieuse ; car, de toutes les garnitures à courroies, aucune n'est véritablement bonne. Il
est à propos cependant d'indiquer celles qui
s'emploient le plus communément.

GARNITURE ORDINAIRE

Elle se compose d'une talonnière garnie
d'anneaux auxquels s'attache une courroie de
14 centimètres, qui, passant dans la mortaise
sous le pied, prend le nom de *dessous-de-pied*.
On y joint une petite patte en cuir clouée
sous le bois, et destinée à empêcher la talonnière de remonter. Tout le système se complète par une courroie de 1 mètre environ de
longueur sur un peu moins de 2 centimètres
de largeur, nommée bride, et qui passe dans
la mortaise du bout du pied. Le grand côté
se croise sur le cou-de-pied, s'engage dans
les anneaux, puis revient, en croisant de
nouveau, se joindre à la boucle. Cette gar

niture est peut-être la plus simple, mais n'est pas d'une grande solidité.

GARNITURE DITE IMPROPREMENT

à l'anglaise.

Cette garniture consiste en une seule courroie, longue de 1 mètre 10 cent. environ, passant, en entourant le pied, successivement dans trois mortaises pratiquées dans le bois. Elle vient ensuite se boucler sur le cou-de-pied.

ANCIENNE GARNITURE DITE

à la parisienne.

Il s'agit, pour l'obtenir, de clouer sur le bois du patin un dessous de soulier dont l'empeigne découpée reçoit et contient le bout du pied. Cette empeigne déborde tout autour de 2 centimètres. Il faut, en outre, y joindre une oreille de cuir qui, au moyen d'une boucle, maintient toute la garniture.

MONTURE DE M. GARCIN

C'est une paire de patins ordinaires, dont le fer, au lieu d'être muni d'un crochet qui les fixe dans le bout, a, comme au talon, une vis à cet usage. Ces deux vis, à têtes longues et plates, entrent dans deux trous pratiqués dans des souliers, et les clouent aux patins par ces parties de la chaussure, d'une manière aussi solide qu'invariable; ensuite, pour mieux consolider le tout, on passe deux larges cuirs qui traversent chaque patin, et brident le pied, l'un vers le milieu et l'autre tout près de la jambe.

Ce genre de monture était assez commode. L'inventeur en avait établi un dépôt. Chacun pouvait trouver à s'équiper selon ses goûts.

MONTURE ALLEMANDE

Un autre genre de monture, importée d'Allemagne il n'y a pas très-longtemps, a surtout l'avantage de la simplicité : ce sont deux courroies, l'une au bout du pied, l'autre sur le cou-de-pied, plus une talonnière en cuivre. Cette méthode est assez répandue. Elle mérite d'être prise en considération.

Après avoir indiqué les garnitures à courroies, toutes plus ou moins défectueuses, puisqu'elles compriment les tendons et arrêtent la circulation du sang d'une façon souvent douloureuse (1), il reste à citer le meilleur système à notre avis. C'est, croyons-nous, le seul qui réunisse toutes les conditions désirables et qui, par conséquent, doive être adopté par le véritable amateur.

Choisissez un fer tel que vous le désirez, eu égard à toutes les dimensions dont il a

(1) Des morceaux de peau de mouton soulagent infiniment.

été parlé (1). Ayez recours à un ouvrier intelligent pour imiter la forme de ce fer (2). Une vis saillante sera brasée sur la partie du fer qui correspond au talon, destinée à unir le fer au bois au moyen d'une rondelle. Une autre vis, plus étroite et plus courte, sera brasée vers le milieu du fer. Elle devra, comme la première, fixer le fer au bois par l'intermédiaire d'une autre rondelle. Cette dernière sera armée de deux pointes, dont le but sera de pénétrer dans la semelle du soulier. Tout cet assemblage constituera la monture du patin ; mais, pour la compléter, il faut encore deux cuirs larges de 5 1/2 centimètres, cloués dans le bois, sous le bout, pour affermir la pointe du pied au moyen de deux petites boucles.

(1) Hauteur du fer... 19 millim. à 2 centim.
Epaisseur........ 5 à 6 millim.
Longueur........ en rapport avec celle du pied.
Épaisseur moyenne du bois, 2 centim. 2 millim.

(2) Un armurier.

Il s'agit maintenant d'ajuster une paire de souliers ou de bottes à ce système, qui paraîtra peut-être compliqué, mais qui cependant est, sans contredit, le plus simple. La dernière opération consiste donc à introduire et fixer parfaitement dans le talon du soulier un pas de vis destiné à recevoir la vis talonnière du patin (1). Ce genre de monture est la fois commode, ne blesse jamais, et se recommande par sa solidité à toute épreuve (2).

DE L'ATTITUDE DES BRAS

Dans tous les exercices d'équilibre les bras sont d'un secours immense, puisqu'ils font

(1) Il est facile d'avoir une vis s'introduisant dans le trou du talon du soulier. Cette vis se défait sur la glace, et, de cette manière, ne donne pas l'embarras d'emporter deux chaussures.

(2) Il était nécessaire de donner cette longue description pour les personnes habitant la province (*voir la planche n° 1*) ; mais on trouvera le modèle ci-dessus indiqué, chez M. Panchèvre, armurier, au Mans.

balancier et aident considérablement à se maintenir sur le centre de gravité. On croit assez généralement que le patineur s'en sert pour se donner un genre et viser à la grâce quand même. Leur pose, il faut qu'on le sache, n'est pas indifférente : en avançant à propos un bras ou l'autre, vous déterminez un élan qui entraîne plus aisément sur le pas à entamer. Si l'on voit plus communément des bras pendants ou des mains dans les poches, c'est que la plupart des personnes ne savent pas en tirer parti. Et puis, dans ces cas d'ailleurs, l'épaule n'en joue pas moins instinctivement le rôle d'équilibre, qui lui est dévolu. Les bras peuvent tout aussi bien être fixes pour les pas simples, pour aller devant soi ou en arrière; mais aucun pas simple ou composé ne peut être perfectionné si les bras ne viennent se mettre en rapport avec la jambe qui agit. C'est par leur concordance et leur harmonie que le vrai patineur se distingue et sait multiplier ses exercices en y développant tous les agréments qu'il possède, dans des poses étudiées d'après les lois invariables des aplombs (1).

Il y a par conséquent deux manières de se servir de ses bras : l'une de les avoir toujours fixes ; l'autre, beaucoup préférable, de les employer convenablement. Cette dernière manière devra être adoptée, ce qui n'empêchera pas de revenir, de temps à autre, à la première, quand ce ne serait que pour faire contraste.

DES BRAS FIXES

On peut les placer de diverses façons : les croiser sur la poitrine ou derrière le dos. On peut encore les laisser tomber devant soi, les mains réunies, en tenant un gant, une badine. Un bras peut être placé derrière le dos,

(1) Il sera donné, avec l'explication des pas principaux, celle de la pose des bras qui s'y rattachent.

tandis que l'autre est devant la poitrine, la main dans le gilet. On peut aussi, négligemment, mettre ses mains dans ses poches. Ce genre semble éloigner toute idée de prétention. Nous aimons assez cette pose des mains sur les hanches, en ce qu'elle permet de se rattraper facilement dans un faux coup. Il serait à désirer, pour avoir les bras fixes, que le patineur fût assez sûr de lui pour ne pas être obligé de les déranger parfois avec des contorsions ridicules.

Il est bon de faire observer que pour patiner librement et avec quelque élégance il est nécessaire d'avoir un costume peu embarrassant. On peut arriver sur la glace avec son paletot, s'essayer pendant un certain temps enveloppé chaudement ; mais bientôt, par le mouvement, les vêtements doubles ne sont plus supportables : c'est alors que le patineur peut s'en débarrasser, se donner toute la liberté des bras et les mouvoir à volonté.

COSTUME DU PATINEUR :

Le costume devra être commode et léger. Trop épais il gênerait, trop long il embarrasserait le mouvement des jambes. Une petite veste simple, d'une couleur peu voyante, et une toque quelconque, bien fixée sur la tête, rempliront parfaitement le but. Le chapeau ne convient pas ; comme il peut tomber au moindre mouvement, il faut éviter d'avoir à le ramasser à tout instant, ce qui prête toujours à rire.

Les maîtres, nommés vulgairement *Gilets-rouges*, peuvent seuls se permettre un costume apparent pour se faire remarquer au milieu de la foule ; mais aussi ils prennent là une responsabilité que les plus forts ont souvent peine à soutenir : celle de ne jamais tomber. Il faut être bien sûr de soi pour oser paraître avec une mise éclatante.

DE LA CARRE DU PATIN •

Bien que ce mot, dans l'acception que nous lui donnons, ne soit pas admis dans la langue française, son utilité est tellement reconnue, sa signification est tellement positive, que nous croyons devoir le conserver; d'ailleurs, les maîtres les plus anciens de l'art qui nous occupe l'ont toujours adopté. Et puis, l'industrie, les sciences et les arts ne créent-ils pas journellement des termes que l'usage finit par consacrer ?

Avant d'entamer cette définition, nous croyons devoir mettre en principe un fait qui pourra peut-être étonner quelques personnes. Si elles daignent réfléchir, elles reconnaitront sans doute la justesse et la vérité de notre assertion. Ce fait, le voici : c'est que tout l'art du patineur se renferme dans quatre coups de patin, ni plus, ni moins, qui sont : le dehors et le dedans en avant, le dehors et le dedans en arrière. Les pirouettes ne sont

autres que de petits dehors multipliés, se ré-
trécissant de plus en plus pour se terminer
sur la pointe du talon. C'est donc en harmo-
nisant, en entremêlant d'une façon symétrique, en multipliant diverses combinaisons de
ces quatre coups de patin, accompagnés des
poses qui leur sont propres, qu'on étonne,
qu'on captive et subjugue. Ils ne peuvent tous
s'exécuter qu'au moyen de la carre. On entend
par carre la partie à angle droit qui s'étend
des deux côtés de la lame. La carre joue le
rôle principal dans l'exercice qui nous occupe.

C'est par elle seule que la glace peut être
entamée, offrir un point d'appui, déterminer
la courbe et faciliter l'élan. Il y a la carre du
dedans et la carre du dehors. C'est au moyen
de l'une ou de l'autre que s'obtiennent généralement tous les coups de patin. On peut en
effet parvenir à glisser droit sur le plat de la
lame ; mais bientôt entraîné il faut dériver,
soit à droite, soit à gauche. C'est qu'alors la
carre a déterminé cette déviation. Il est donc

bien essentiel de se pénétrer du rôle rempli par la carre pour arriver à une parfaite exécution. Ainsi, quand le commençant veut entreprendre le dehors, il ne peut, malgré tous ses efforts, saisir la ligne circulaire. Il met des temps infinis à y parvenir s'il n'a pas deviné l'obligation indispensable de la carre, ou si quelque ami obligeant n'est pas venu lui en démontrer l'importance. Il doit donc pencher son patin. Mais, outre cela, il faut de l'élan, une certaine vitesse ; autrement le corps, incliné vers le centre de gravité, ne pourrait sans impulsion s'y maintenir. Le travail et l'expérience feront, avec le temps, acquérir la solidité nécessaire. Nous ne pouvons donner ici que la théorie de la chose. Chacun comprendra combien la définition du mouvement est aride. Malgré de grands efforts pour se rendre intelligible, l'exemple manque toujours, et les yeux en apprendraient plus en un instant qu'un long *verbiage*. En essayant toutefois de pénétrer le lecteur de notre appréciation , peut-être parviendrons-nous à dissiper une partie de l'obscurité qui entoure ce que le patinage a de brillant. Ce sera déjà un grand point que de mettre les adeptes à même de figurer à côté des privilégiés de cet art.

PREMIERS PRINCIPES POUR PATINER

Après avoir préparé l'élève par les préliminaires nécessaires, il faut attaquer la question des premiers essais sur la glace.

Les premiers essais en toute chose sont pénibles : ici, plus que pour tout autre exercice, ils peuvent être rebutants. Il faut donc s'armer d'une résolution bien arrêtée et s'attendre à quelques mécomptes.

Le commençant doit d'abord assujettir parfaitement ses patins d'après l'un des moyens précédemment indiqués ; puis, se relevant sur les deux pieds, tâcher de s'y maintenir en équilibre. Après quoi, le corps penché en avant (1), les genoux ployés, il posera, par petits pas, un pied devant l'autre, cherchant à conserver son aplomb. La lame devra porter sur toute sa longueur.

L'habitude que l'on a de marcher en dehors porte naturellement, les premières fois, à ouvrir la pointe des pieds. Cette tendance doit être évitée, car les coups de patin ne doivent se produire que le pied placé droit : c'est-à-dire la pointe du fer correspondant à une ligne qui partirait du milieu du genou. Cependant pour gagner du terrain il faudra, par degré, s'habituer à prendre un point d'appui, afin de se chasser en avant. Ce point d'appui s'obtiendra en plaçant le pied qui est en arrière en travers sur la carre du dedans, tandis qu'en s'abandonnant sur la jambe qui est devant on s'y laissera glisser, le poids du corps portant dessus. L'élève continuera ainsi, alternativement d'une jambe à l'autre, se laissant couler

---

(1) Le corps penché en avant, pour éviter les chutes à la renverse, qui sont toujours à craindre.

le plus longtemps possible sur chaque jambe. Cet exercice, entremêlé de moments de repos, sera certainement couronné de succès, pour peu qu'il y mette de la persévérance.

Les premières difficultés vaincues, c'est-à-dire quand le commençant a acquis un peu d'aplomb, il doit s'attacher à allonger beaucoup ses coups de patin, moyen de se préparer pour les pas individuels.

Rien ne peut autoriser à se faire aider et soutenir par un conducteur, ou à se servir d'un point d'appui quelconque. C'est retarder les progrès, au lieu de les avancer. Nous regrettons d'être en désaccord à cet égard avec quelques amateurs.

On peut comparer le jeune patineur à un cheval promené en main par un temps de verglas. L'animal, la plupart du temps, ne chancelle et ne s'abat que par le secours intempestif du domestique, qui, croyant le soutenir, le contrarie dans ses mouvements instinctifs par des saccades du mors.

Une recommandation qu'on ne saurait trop faire est celle de ne jamais se complaire sur la jambe dite la meilleure, défaut général chez les patineurs. Il faut, au contraire, travailler beaucoup la mauvaise jambe ; car c'est d'une force égale entre elles que résulte une harmonie parfaite.

Il reste à dire que, dans les faux coups et les manques d'équilibre, deux points d'appui sont préférables à un seul. C'est dans ce cas qu'il faut réunir les deux pieds placés à la même hauteur, se touchant presque et terminant l'impulsion acquise involontairement par deux lignes parallèles.

DE L'ÉLAN

Rien ne peut s'entreprendre sur la glace sans un élan, quel qu'il soit ; pris avec force, il permet d'entamer de grands pas et d'y en joindre d'autres sur la même jambe jusqu'au moment où il s'éteint.

Quand on change de jambe, l'élan devient facile à renouveler. C'est toujours au moyen de la carre qu'on y arrive.

Il se prend de plusieurs façons. Le plus prononcé qui puisse s'obtenir consiste à augmenter progressivement la course jusqu'à ce qu'on ait atteint le maximum voulu. Puis, alors, rapprochant les deux pieds, se laissant glisser quelques secondes pour bien assurer son aplomb, on s'abandonne, sans secousse, sur le coup de patin prémédité. Dans ce moment, l'élan étant bien déterminé, il est essentiel de saisir l'à-propos. Sans cette appréciation, qu'il n'est pas possible d'expliquer, l'équilibre risque à se perdre et l'homme à tomber.

L'autre manière est plus simple et n'expose pas autant aux inconvénients qui viennent d'être entrevus. Ce pas se prend en plaçant un pied en travers sur la carre, soit en avant, soit en arrière, afin d'établir un point d'appui, pour pouvoir se lancer sur l'autre jambe, selon le coup de patin à exécuter. Il est nécessairement moins fort que le précédent. Cependant une certaine habitude peut lui imprimer une impulsion très-vive.

DU DEDANS EN AVANT

Au fur et à mesure que l'élève se familiarise avec ses patins, il peut se livrer plus longtemps sur chaque jambe. Mais, alors, il est presque toujours entraîné sur le dedans, sans s'en douter, parce que machinalement, s'il doit tomber, il préfère que ce soit du côté de l'autre jambe, dont les fonctions sont de le remettre en équilibre. En conséquence, le pas qui va être décrit est un des premiers qui se fassent.

Ce dedans, sur lequel les commençants sont disposés à se jeter et qu'ils exécutent du reste assez familièrement, présente cependant une certaine difficulté quand on veut l'allonger. Il est, la plupart du temps, dépourvu de grâce, et cette position semble

guindée. Aussi n'est-il guère employé que
pour l'entremêler à d'autres pas. Pourtant
un grand dedans, bien développé, n'est pas
sans attrait.

MANIÈRE DE LE PRODUIRE

Il faut se lancer sur la carre du dedans du
pied droit, sans trop l'incliner; autrement,
emporté malgré soi à rétrécir trop brusquement le cercle, on perdrait l'équilibre. Il doit
être entamé avec beaucoup d'élan, afin de le
prolonger le plus possible, le bras droit élevé
en avant, le bras gauche abaissé à hauteur
de la cuisse, le corps bien effacé, la tête regardant le centre du cercle à parcourir (1).
(*Voir la planche n° 3.*)

(1) La planche n° 3, représentant le dehors en
arrière, doit être consultée. Elle offre une certaine
analogie avec la pose du dedans, soit en avant, soit
en arrière. La différence seule consiste dans l'incli-
naison de la lame du patin. Peut-être aussi le corps

Lorsqu'il sera question des pas composés, il sera dit par quel moyen on peut terminer celui-ci.

DU DEHORS EN AVANT (1)

Le dehors en avant est, sans en excepter aucun, le plus gracieux de tous les pas. C'est celui qui prête le plus à ces poses d'abandon, à ces ondulations symétriques sans efforts, à ces lignes circulaires qui flattent toujours l'œil et attirent l'attention. C'est dans ce pas qu'il est facile de placer les bras selon sa fantaisie, soit en les croisant devant ou derrière, soit en leur donnant une attitude de fantaisie. Mais, pour arriver à son exécution correcte, il exige beaucoup de travail. Quand on com-

doit-il être maintenu plus droit, facultativement, que pour le dehors en arrière.

(1) Il est bon de prévenir nos lecteurs que, pour rendre les définitions plus compréhensibles, la jambe droite sera toujours adoptée comme exemple dans tous les pas.

Dehors en avant.

L. Herique Lith au Mans.

mence à l'essayer, il y a toujours une certaine hésitation; on redoute, et non sans raison, de tomber. Aussi ce n'est qu'avec un parfait accord dans le balancier des bras ou des épaules, le plus ou moins de carre, entamée en raison du cercle à parcourir, et le corps penché tel qu'il doit l'être, que l'on peut parvenir à produire ce pas, avec toute la régularité désirable (1).

—∞◆∞—

MOYENS POUR L'EXÉCUTER

Voici la manière de s'y prendre pour arriver aux conditions ci-dessus : en général sans élan, sans impulsion, aucun coup de patin ne peut s'entreprendre ni s'achever. Sans élan, vous ne pouvez avancer, vous restez sur place et vous chancelez. On peut aisément se con-

(1) Les chutes dans les dehors ont presque toujours lieu sur la hanche de ce côté. Quoique nullement dangereuses, elles laissent une douleur persistant des mois entiers, et plus.

vaincre qu'il est plus difficile de conserver son équilibre sur un pied en repos, que lorsque ce même pied est lancé sur un pas quelconque. Ainsi, plus l'impulsion est forte, plus l'équilibre se maintient. Toutefois, il est bon de se mettre en garde contre les grands élans ; la force qu'on y apporte peut terrasser violemment, quand ils sont manqués. (*Voir la planche n° 2.*)

— Revenons au dehors en avant : on l'entamera sur le pied droit, la carre penchée à droite, le genou tendu (1), la jambe gauche restant en arrière, l'épaule gauche avancée, le bras gauche également porté en avant et élevé, le bras droit maintenu derrière à hauteur de la cuisse, le corps ainsi que la tête tournés à droite vers le dedans du cercle. (*Voir la planche n° 2.*) Pour le terminer, il faut ramener la jambe qui est restée tout le

---

(1) Beaucoup de personnes exécutent ce pas les genoux ployés. C'est lui ôter toute sa grâce et son effet.

temps derrière, par-dessus celle qui pose sur la glace, afin de reprendre le dehors à gauche. On s'attachera, dans ces exercices, à ne pas mourir sur chaque coup de patin, mais bien à l'achever en prenant vivement la carre du dedans, afin de se donner l'élan sur l'autre jambe. On continuera ainsi, sans trop s'occuper si les pas sont bien faits ou non, si les cercles sont correctement achevés, ce qui se régularisera avec le temps. L'essentiel est de repartir comme il faut : c'est – à – dire moelleusement et sans secousses (1).

Le beau de ce pas consiste dans le laisser-aller qui l'accompagne, dans l'aplomb qu'on y acquiert, dans les différents genres que les patineurs lui impriment, enfin dans les poses diverses, plus ou moins gracieuses, qui y sont développées pour passer d'une jambe à l'autre. Nous ne saurions trop en recommander la pratique ; car, si c'est par ce pas

(1) Quand on sera bien affermi sur les dehors successifs, on essaiera les grands dehors individuels.

que les difficultés commencent, c'est bien par lui aussi qu'on parvient à perfectionner tous les autres. Il en est, pour ainsi dire, l'acheminement. Mais, avant d'aller plus loin, il est tenu d'apprendre à se diriger en arrière.

ALLER EN ARRIÈRE

Si c'est ne pas savoir nager que de ne pas pouvoir se soutenir et avancer sur le dos, c'est ignorer l'art du patin que de ne pas posséder les moyens d'aller en arrière.

L'élève étant déjà un peu fortifié dans les exercices qui précèdent, il est temps pour lui de se familiariser avec un nouveau pas. Une circonstance imprévue, un choc quelconque venant à le faire pirouetter, il est bon, il est indispensable même, qu'il ne soit pas surpris de cette nouvelle position, à laquelle il est tout à fait étranger.

PRINCIPES POUR ALLER EN ARRIÈRE

Le pas en arrière peut être considéré comme l'inverse de celui d'en avant. C'est donc par de petits pas, les pieds placés alternativement l'un derrière l'autre, qu'il faut procéder pour le comprendre. En travaillant avec constance, on s'habituera bientôt à se soutenir sur les deux pieds à la fois, parallèlement placés, et à prendre l'élan sur les deux carres en même temps, l'une sur le dedans, l'autre sur le dehors ; à cet effet, un certain mouvement de hanche est nécessaire, en les portant alternativement à droite et à gauche.

On apprend beaucoup par l'exemple. L'homme végéterait longtemps dans la médiocrité s'il ne cherchait pas à copier les maitres, qui seuls donnent le ton et la règle. En fait d'art, on ne procède pas autrement : c'est que l'étude des beaux modèles les perfectionne tous ; car le beau n'est que la splendeur du vrai, et la vérité est une.

L'élève patineur doit, avant tout, regarder, tâcher d'imiter, et s'aider de conseils.

Quand il sera arrivé à maintenir son équilibre sur les deux jambes, il devra, comme il a déjà été expliqué pour le pas en avant, s'efforcer de se laisser glisser le plus long-temps possible sur le pied qui a été posé en arrière. Ainsi, après avoir placé le pied gauche de travers pour prendre un point d'appui sur la carre du dedans et se donner de l'élan, il portera tout le poids du corps sur la jambe droite, afin de s'y laisser glisser. Il continuera ainsi d'une jambe à l'autre, les genoux ployés.

DU DEHORS EN ARRIÈRE

Tous les coups de patin en arrière ont cela de commun qu'ils frappent davantage et impressionnent le spectateur. Ils demandent, en effet, une certaine hardiesse et une étude assez longue pour qu'il ne soit pas donné à tous les amateurs de les réussir. Les grands

Dehors en arrière.

L. Hérique, Lith. au Mans

dehors en arrière, surtout, faits avec beaucoup d'élan, flattent infiniment l'œil et sur-
prennent la foule. Aussi voit-on peu de patineurs s'y abandonner largement.

DES DEHORS SUCCESSIFS EN ARRIÈRE

Prenez d'abord de l'élan sur les deux jambes, afin que vos mouvements ne soient pas
amortis ; glissez ensuite sur le pied droit en
penchant la carre à droite, et, au même
moment, chassez le bras gauche et la jambe
du même côté vivement en arrière pour augmenter l'impulsion. La tête aussi sera tournée
en arrière, les yeux regardant derrière soi
pour se diriger. Dans ce mouvement le corps
doit être très-effacé, le bras droit élevé, la main
en avant, la main gauche ouverte tombant à
hauteur de la cuisse, le genou droit tendu.
(*Voir la planche n° 3.*)

Le dehors sur la jambe droite se termine en
attaquant la carre du dedans de cette même

jambe, pour se jeter, d'après les principes ci-
dessus indiqués, sur le dehors à gauche. Il
faudra continuer ainsi par les moyens inverses en alternant, sans s'inquiéter de la réussite, mais en s'attachant à repartir, bien ou
mal : résultat très-difficile à obtenir dans le
commencement.

C'est ici qu'il est essentiel d'observer la
pose du corps et des bras. Au risque de nous
répéter, nous ne saurons trop dire que c'est
en s'effaçant brusquement et en jetant la jambe
gauche et le bras du même côté en arrière au
point du départ, qu'on détermine l'impulsion
nécessaire pour achever la ligne circulaire.
La reprise de l'autre jambe est assez difficile,
parce qu'il faut se donner de la force. On doit
convenir aussi que ce pas est scabreux et n'en-
hardit pas le patineur à l'attaquer vigoureusement; cependant, s'il manque d'élan, il ne
peut se faire comme il faut. C'est donc en
se livrant d'abord doucement sur la carre, en
ne s'abandonnant sur son obliquité que par

degré, que la parfaite exécution de ce pas s'obtiendra progressivement.

Le grand dehors est des plus beaux, en ce qu'il met à même celui qui le pratique d'y déployer un savoir peu commun. Les formes du corps y ressortent admirablement, et la grâce complète l'effet qu'il produit.

Il est remarquable que tous les exercices en arrière s'exécutent parfois par certains patineurs avec une vigueur que rien n'intimide. Il semblerait même qu'ils les préfèrent à tous autres. Tournant la tête, voyant on ne peut mieux où ils se dirigent, évitant les rencontres et les obstacles, ils circulent avec une assurance et une agilité que nous avons souvent admirées.

DU DEDANS EN ARRIÈRE

Bien que ce pas soit classé parmi les quatre principaux qu'il est indispensable de connaître, nous sommes loin de lui accorder

la même importance qu'à tous les autres.
Il faut en convenir, son effet est peu gracieux ; on l'obtient gauchement, et, quand il
est tracé isolément, il reste dépourvu de tout
ce qui peut disposer en sa faveur. Il n'en est
pas de même quand il s'intercale au milieu
d'autres exercices, ou quand il est destiné à
terminer un pas composé. Là seulement il s'y
entremêle agréablement.

MOYEN DE L'OBTENIR

Le moyen est assez simple, puisque l'on
y arrive par l'élan en arrière, ou bien par la
course dans ce même sens. C'est alors que,
la vitesse étant acquise, il faut placer le pied
droit sur la carre du dedans et s'y laisser
glisser, en levant le pied gauche, qui doit
rester en arrière.

On se conformera, pour la pose de la tête,
du corps et des bras, aux prescriptions rela-

tives au dedans en avant. (*Page 68 , voir planche 3 et la note.*)

Pour le continuer, il faut poser, où il se trouve, le pied resté derrière en y portant le poids du corps, et imprimer de l'élan avec celui de devant, lequel prendra aussitôt la position d'arrière.

Il est facile de voir par cette définition que rien ne donne à ce pas l'effet brillant de ceux précédemment indiqués dans notre classification. Reconnaissons-lui par conséquent le seul mérite qui doive s'y rattacher : celui de contribuer à varier les autres figures.

DES CROCHETS

Les crochets ne sont autre chose que le passage du dehors au dedans ou du dedans au dehors sur la même jambe par un demi-tour.

Une ligne circulaire qui est pourvue de l'élan nécessaire doit se prolonger avec l'obliquité du corps, tendant à le ramener vers le centre de gravité. Si, au milieu de cette ligne circulaire, on vient à faire un demi-tour, l'impulsion reste la même sous l'influence de la force donnée : c'est ce demi-tour qu'on nomme crochet. Il se fait également en ligne droite.

On peut l'entreprendre de deux manières : l'une consiste à relever, soit la pointe du pied, soit le talon, en se jetant par un mouvement de bras, d'épaule et de hanche, sur le nouveau pas, et lui appliquant aussitôt la pose d'équilibre qui lui est relative après le volte-face. Le moment demande à être saisi bien à propos ; il faut s'y préparer et ne se risquer que lorsqu'on est assuré d'un aplomb parfait.

Les crochets successifs ne sont que des demi-tours réitérés en avant ou en arrière sur un arc de cercle quelconque.

La deuxième manière, sans être plus gracieuse, semble, par sa hardiesse, être le fait spécial d'un patineur consommé. Le demi-tour, au lieu de se faire sans quitter la glace,

a lieu en sautant, pour retomber face en
arrière. Il est nécessaire de porter sur toute
la lame du patin, afin d'y bien saisir le point
d'appui, avant de s'enlever.

DES PIROUETTES

Elles s'accomplissent ordinairement pour
terminer le dehors en avant. C'est en rétrécis-
sant par degré l'arc de cercle, avec l'impulsion
nécessaire, qu'il faut s'arrêter au centre de la
spirale parcourue, se redressant sur un talon et
tournant sur soi-même. La jambe qui est en
l'air doit se croiser devant l'autre, le genou
ployé, la pointe du pied dirigée en bas ; les
bras peuvent rester le long du corps, mais la
pose est plus gracieuse quand ils sont élevés
au-dessus de la tête.

Les pirouettes produisent de l'effet, parce
qu'elles sont assez rarement exécutées. Leur
réussite, ainsi que celle des crochets, est prin-

cipalement due aux lames courtes et bombées.

—•◇•—

MANIÈRE DE S'ARRÊTER SUR LE PATIN ♣

Il est essentiel de pouvoir s'arrêter sur la
glace. Une rencontre, un incident quelconque venant à se présenter, il est souvent important de les éviter ; mais c'est plus particulièrement dans un danger imminent que
l'obligation en devient impérieuse.

Plusieurs moyens se présentent dans les
mouvements en avant. Celui d'abord de
s'échapper à droite ou à gauche par un dehors
raccourci ; puis encore, de se jeter sur la révérence, en s'effaçant assez pour se dégager. Mais
pour s'arrêter sur place, dans une nécessité
absolue, le plus efficace et le plus généralement employé consiste à élever la pointe des
pieds en portant tout le corps sur les talons.
Les pieds doivent être mis en équerre, formant
arc-boutant, la ceinture et les jarrets ployés

afin d'amortir un mouvement trop brusque. On comprend que, dans cette circonstance, la pointe de la lame, pénétrant dans la glace, s'y fixe solidement et arrête l'élan.

Quant aux personnes qui auront fait arrondir le talon de leur fer, ainsi que nous l'avons conseillé (1), l'habitude leur aura bientôt fait trouver des expédients pour l'arrêt.

Pour s'arrêter en arrière, il s'agit simplement de poser un pied en équerre derrière l'autre. L'élan étant toujours moins fort que dans le mouvement en avant, l'application de ce précepte est suffisante.

MANIÈRE DE SE RETOURNER

Il y a plusieurs manières d'exécuter ce mouvement ; on les saisira aisément. La plus simple et la plus communément employée mérite d'être expliquée. Étant lancé en avant,

(1) Cette opération ne doit se faire aux patins qu'après un certain degré d'acquit.

pour se mettre face en arrière à droite, il faut se laisser glisser un moment sur les deux jambes, avancer le pied droit sans quitter la glace , puis former un crochet à droite en s'enlevant sur la pointe des deux patins en même temps. Si, étant en arrière, on veut se replacer en avant, il y a lieu d'appliquer les mêmes principes , avec cette différence que les crochets se font sur les talons.

Ces mouvements de face en arrière, etc., s'opèrent également en sautant.

DES PAS COMPOSÉS

Il arrive enfin un moment où l'élève a acquis la connaissance exacte de tous les coups de patin précédemment décrits ; la pratique lui a donné assez d'expérience pour comprendre tout le développement auquel il peut atteindre. En supposant que le travail n'ait rien qui le rebute, et qu'il veuille encore se perfection-

ner, il doit résolûment aborder les pas composés et les pas compliqués.

Leurs noms ont été jusqu'ici beaucoup trop
multipliés. Leur consacrer un article spécial
serait tout à fait superflu. Il suffit de donner
la liste de ceux qui, par une dénomination tant
soit peu arbitraire, ont fait partie d'une classification prétentieuse, il est vrai, mais cependant nécessaire. Les véritables amateurs, au
reste, ne seront pas embarrassés de trouver,
d'imiter ou d'inventer de nouvelles combinaisons de figures.

Les pas composés, liés et enchaînés entre
eux, sont le complément de l'instruction. Ils
dénotent le patineur accompli : c'est dans
l'emploi ingénieux de ces figures hors ligne
qu'il se distingue de la foule des patineurs,
dont l'unique mérite consiste à se pousser
devant soi par un savoir des plus vulgaires.

DE LA RÉVÉRENCE

Elle s'entreprend de la jambe droite, comme si l'on voulait faire un grand dedans. Il faut alors s'abandonner sur les deux pieds effacés en ligne, en portant le corps sur celui de droite. Le pied gauche devra ne poser que légèrement, pour ne pas contrarier la direction. Le corps sera penché du côté vers lequel on se sera lancé, le bras droit porté en avant, les genoux ployés, les pieds prenant un peu de carre. Quant à la révérence en ligne droite, elle s'exécute de la même manière, en ouvrant davantage les genoux. (*Voir la planche n° 4.*)

Une conformation spéciale permet à certaines personnes de prendre la révérence renversée. Il faut, à cet effet, pencher les deux carres, afin de se placer sur une ligne circulaire en arrière.

Révérence en ligne directe.

L'Hérique Lith. au Mans

DU PAS DE 8

Un excellent travail qui tend à perfectionner les dehors est, sans contredit, le pas de 8. Le chiffre qu'il indique donne une idée de la manière dont il doit être pris. Des dehors bien fermés, entrepris sur l'une et l'autre jambe, et ramenés au point de départ, constituent cette figure.

Ce pas se produit également en arrière; mais il offre plus de difficultés pour rétrécir le cercle et pour repartir du même point.

La persévérance y fait arriver. En tout, cette qualité est la meilleure garantie du succès.

Le pas de 8 se fait aussi en arrière, sur les deux pieds à la fois.

DE LA RENOMMÉE

Elle est d'un assez bel effet lorsqu'elle est prise par un grand élan ; mais ce qui la caractérise plus particulièrement, c'est la pose qu'on lui donne. Il faut y déployer le bras gauche (1) en avant, placé comme s'il tenait une trompette. On peut encore tendre ce même bras, l'indicateur allongé comme pour marquer un objet ou une personne que l'on poursuivrait. La renommée se fait en arrière en prenant beaucoup d'élan par la course en avant ; puis, se retournant brusquement sur les deux pieds, on s'abandonne aussitôt sur celui de droite, dans la position que nous indiquons ci-dessus.

Elle produira beaucoup de sensation en l'exécutant à deux, l'un en avant, l'autre en arrière, se rapprochant sans se toucher.

Dans tous les pas à deux, celui qui agit en

____

(1) Nous admettons toujours que les pas s'entament sur la jambe droite.

avant doit modérer sa vigueur, pour ne pas trop gagner et serrer son partenaire.

DES DEHORS CROISÉS EN AVANT

Ce coup de patin n'est pas sans présenter quelques difficultés. Il y a un moment même, celui de se placer sur l'autre jambe, qui demande à être saisi à propos. Les reins, dont la souplesse est une des premières conditions, jouent ici un rôle des plus importants. Aussi ce pas exige-t-il des efforts qui fatiguent et essoufflent quand on veut le continuer. Sa définition toutefois est facile à comprendre. Il faut, dans le dehors en avant, ramener la jambe restée tout le temps en arrière, la croiser par-dessus l'autre, et s'aider de la carre qui repose sur la glace, pour reprendre et alterner ainsi en croisant toujours.

Quant au dehors croisé en arrière, on le fait par des moyens à peu près analogues, en chassant beaucoup la jambe restée en arrière, afin de reprendre sur cette même jambe en croisant celle qui fonctionne sur la glace.

DU MANÉGE +

Cet exercice semblerait devoir fortifier sur les dehors en général. Nous le considérons simplement comme un délassement qui sert à ne pas se répéter, condition qu'il ne faut pas perdre de vue, car elle flatte infiniment les spectateurs. On parvient à faire le manége par un dehors sur le pied droit, ne devant quitter ni la carre, ni la glace, et le pied gauche venant incessamment croiser par-dessus pour agir sur le dedans. On continue ainsi à décrire un cercle plus ou moins circonscrit, sans trop s'y complaire, mais en passant par les moyens inverses sur le sens opposé.

Dans le manége en arrière, les deux pieds doivent constamment rester sur la glace, l'un placé sur la carre du dehors, l'autre croisant par-dessus sur la carre du dedans.

Le manége, selon notre manière de voir, ne paraît pas devoir contribuer à affermir sur les dehors, parce que la pose des bras et des jambes n'y est plus observée pour produire cet effet. Néanmoins, il tend à donner de la solidité, en ce qu'il familiarise avec les changements de carre. On doit donc le travailler de temps en temps.

DE LA BOULINE HOLLANDAISE

Elle est ainsi nommée vraisemblablement parce qu'elle se pratique beaucoup sur le réseau liquide de la Hollande. C'est le pas le plus fréquemment employé par ses habitants. Ils s'y complaisent avec un tel abandon, une aisance si naturelle, qu'ils semblent n'y apporter aucun effort. Ce pas, fait de la sorte, est bien certainement le plus gracieux et le plus séduisant de tous.

Ce sont d'assez grands dehors auxquels on imprime un certain balancement pouvant, sous quelques rapports, faire comparer le patineur à un léger bâtiment qui cinglerait sous le vent par des bordées successives.

Les bras devront être croisés sous le menton et élevés ; le coude opposé à la jambe qui porte plus avant que l'autre ; le corps bien en avant, comme pour fendre la colonne d'air.

DU PAS DE BISE

Ce pas convient assez, quand on arrive sur la glace, pour se réchauffer et se dégourdir les jambes. Il se fait en arrière en ramenant alternativement un pied devant l'autre d'une manière un peu facultative, il est vrai, mais en ayant soin, à chaque changement de jambe, de se battre les flancs à l'instar des ouvriers.

Il paraît plus impétueux quand c'est en sautant que la jambe de derrière est rapportée devant.

Il serait peut-être prudent de procéder
avant le pas de bise par un autre, dont la
dénomination de *pas de sûreté* se trouvera
en rapport avec le but qu'il semble indiquer.

Il consiste à se porter en avant sur les deux
pieds un peu écartés, ne quittant pas la glace,
dans le genre des premiers principes décrits
pour aller en arrière (*page* 74); puis, par un
léger balancement, d'une carre à l'autre, on
se promène tranquillement, le regard en avant
de soi, explorant avec attention les places où
la glace est belle et solide, pour pouvoir s'y
risquer sans crainte.

DU CASSE-COU

Ce nom porte naturellement à croire qu'il
y a dans ce pas quelque danger. Cependant
ce coup de patin, sans être exempt de difficultés dans les commencements, n'est pas plus
à craindre que beaucoup d'autres. Il se fait
en arrière, sur les deux jambes à la fois, en

prenant beaucoup d'élan. Ce qui le caractérise, c'est qu'il faut s'enlever sur les deux pieds en même temps, en observant de ne les poser sur la glace, quand on retombe, que l'un après l'autre, la pointe du patin portant la première, les pieds parallèlement placés, mais l'un plus avancé que l'autre de la longueur du patin.

Cet exercice, bien étudié, paraît à la fois hardi et périlleux. Comme il est peu connu, il est bon parfois de mettre en évidence l'originalité qui lui est propre.

———•◦•———

L'ADONIS

C'est vraisemblablement la charmante allégorie de la fable du bel Adonis qui a fait naître l'idée de s'emparer de ce nom. Deux déesses, dit-on, Vénus et Proserpine, se partageaient les faveurs du bel adolescent six mois chacune. Ne pourrait-on pas trouver dans ce type de la beauté tué par le sanglier,

L'Adonis.

puis rappelé à la vie, un point de comparaison avec les saisons? Adonis, dont la statuaire grecque nous a laissé de si beaux modèles, représentait la jeunesse, la grâce, la fraîcheur, ou l'été ; le sanglier, au contraire, par sa sauvagerie, ses poils hérissés, sa rudesse, figurait l'âpreté de l'hiver.

D'autres, dans cette allégorie ingénieuse, ont cru voir le ciel et l'enfer.

Quel que soit le motif qui ait fait appliquer cette qualification à ce joli pas, nous ne risquons rien de le signaler comme un des plus séduisants.

Il se produit par des dehors en avant successifs, assez déployés et faits avec l'attitude des bras prescrite (*page* 70); mais parvenu à la moitié du cercle environ, on change la pose des bras. Sur la jambe droite, par exemple, on ramène sans secousse le bras gauche en arrière, en portant le bras droit en avant élevé, la main arrondie. (*Voir la planche* n° 5.) Le dehors s'achève ainsi pour reprendre sur l'autre jambe, en observant le même principe par des moyens inverses.

Ici la grâce et la manière de faire sont tout.

Il en est de cela comme de toute autre chose : ainsi d'une phrase mal dite, et d'une autre harmonieusement prononcée ; du portrait d'une personne par Vintherhalter, ou de la même personne représentée par un peintre médiocre ; d'un morceau de musique mélodieusement exécuté, ou d'un air écorché dans les rues.

La science du patin, dans ses applications diverses, offre les mêmes analogies.

†DES PAS DE FANTAISIE

Avant de donner la série des pas de fantaisie, réunion symétrique de tous ceux déjà expliqués isolément, nous allons définir la manière de passer du dehors au dedans et du dedans au dehors sur la même jambe.

PASSAGE DU DEHORS AU DEDANS EN AVANT
et *vice versâ*.

Préparez-vous à ce changement en prenant un grand élan et placez-vous sur le dehors en avant à droite. Parvenu à moitié de l'arc de cercle environ, avancez sans secousse la jambe restée derrière à hauteur de l'autre, ou même en avant ; puis, par un mouvement brusque, retirez vivement cette jambe en arrière, ainsi que le bras du même côté. Ce mouvement vous rejette aussi sur la carre du dedans. (*Voir la planche n° 3.*)

C'est encore au moyen de cette même jambe et du bras avancés à propos, que vous vous replacez sur la carre de droite, et ainsi de suite.

On a donné le nom de *couleuvre* à cet exercice, qui imite assez bien les replis onduleux du reptile (1).

(1) Cet exercice se fait également en arrière.

EXERCICES DE PAS DE FANTAISIE

Voici plusieurs manières d'entremêler les coups de patin.

Premièrement. — Commencer par un dehors en avant, passer du même pied au dedans et faire le crochet pour terminer sur le dehors en arrière ; exécuter les mêmes mouvements dans le sens inverse.

Ces deux exercices produisent beaucoup d'effet, autant par le grand élan qui les accompagne que par les différentes poses caractérisques qu'on y représente successivement.

Deuxièmement. — Prendre le dedans en avant, crocher pour le dehors en arrière, et changer le côté de la carre, afin de pouvoir se laisser glisser sur le dedans en arrière ; la même opération en sens inverse.

DES DOUBLES DEHORS EN ARRIÈRE

Troisièmement. — Attaquer vigoureusement le dehors en arrière, le terminer par un crochet, qui, plaçant un moment sur un petit dedans, rejette, par l'impulsion primitive, sur un autre dehors en arrière. Repartir de l'autre jambe de même, en continuant.

MANIÈRE DE SALUER SUR LA GLACE

Quatrièmement. — Il faut se lancer sur la révérence, tournant le dos à la personne à qui doit s'adresser la gracieuseté ; mais un peu avant d'arriver à sa hauteur, par le moyen d'un crochet, on se trouve placé en face d'elle sur le dehors en arrière. C'est alors que, saisissant la coiffure de la main qui doit s'abaisser, on se découvre en faisant une espèce de salut dont l'effet n'est pas sans charmes.

Cinquièmement. — Faire la révérence et se jeter avec le pied qui gagne du terrain sur le dehors en avant ; continuer de l'autre jambe.

Sixièmement. — Prendre un dehors en avant et faire un demi-tour en sautant sur l'autre jambe placée sur le dehors en arrière.

Septièmement. — Voici un très-joli exercice ayant toujours le don de plaire, malgré qu'il ait peu de développement.

Prenez un petit dehors en avant, exécutez le crochet pour achever l'impulsion sur le dedans en arrière ; reprenez sur l'autre jambe de la même manière sans discontinuer, afin de tracer la figure du chiffre 8.

Ce petit travail, très-gracieux, a l'avantage de pouvoir se faire sur une glace circonscrite et n'en est pas moins agréable.

COMPOSITION DES FIGURES A DEUX, TROIS, ETC.

Deux patineurs ayant la même manière de patiner peuvent, par l'entente et l'accord, décrire des figures qui séduisent en captivant plus que toutes celles déjà signalées. Par des sinuosités calculées, ils se croisent, s'éloignent, se rapprochent, se poursuivent,

et donnent ainsi lieu à des sensations nouvelles pour ceux qui regardent.

LES OLIVETTES ✝

On a appliqué ce nom à de petits dehors,
soit en avant, soit en arrière, exécutés par
deux, trois patineurs et plus, se tenant bras
dessus, bras dessous, ou les mains placées
sur l'épaule du voisin.

LES TOURTEREAUX

Ce joli pas se fait à deux, l'un agissant sur
le dehors en arrière, l'autre sur le dehors en
avant de la jambe opposée. Les bras du même
côté doivent se rapprocher comme si on voulait les joindre, sans cependant que les mains
se touchent. Il est infiniment gracieux.

Dans tous les pas jumeaux, il y a une règle
à observer relativement à celui qui va en arrière. C'est de jamais ni trop forcer, ni trop

serrer sur lui. Cet inconvénient a lieu quand, par une vigueur intempestive ou un élan trop violent, on ne lui a pas donné le temps de prendre l'avance nécessaire pour agir librement.

DES GRANDS DEHORS A DEUX

Nous compléterons cette série des pas jumeaux par les pas, très-remarquables, du grand dehors en arrière et du dehors en avant; les deux patineurs déployés avec vigueur sur la jambe opposée et s'allongeant, les mains tendues l'une vers l'autre, sur un cercle d'une grande étendue.

DE LA RENOMMÉE A DEUX

Cet exercice, par son élégance majestueuse, ne doit pas être mis en oubli, bien qu'il en ait été déjà parlé (*page* 90); les grands coups de patin étant toujours admirés, celui-ci plus que tout autre, mais le précédent surtout, ont droit aux éloges, lorsqu'ils sont bien exécutés.

Il sera pris avec beaucoup d'élan par deux personnes, dont l'une s'abandonnera sur une ligne droite en arrière, tandis que l'autre, se portant en avant sur la jambe opposée, suivra la première à distance d'un mètre à peu près, toutes deux se tendant la main.

Après avoir fait connaître les diverses combinaisons des figures à employer, il reste encore une recommandation à faire : c'est de ne pas rester sur un coup de patin, ni de s'arrêter court. Autant que faire se pourra, on devra le faire suivre d'un exercice quelconque, y joindre quelques changements de jambe, et enfin le terminer par plusieurs crochets successifs ou par des pirouettes.

CONCLUSION ✝

Ici se termine la tâche que nous nous sommes imposée. Il serait possible de joindre, à tout ce qui a été dit, plusieurs autres pas de fantaisie ; mais leur importance n'a pas paru suffisamment démontrée pour s'y arrêter. Le caprice, il est vrai, en peut faire naître beaucoup d'autres insignifiants. Nous pouvons assurer qu'un patineur en état d'exécuter tout ce que ce petit livre contient ne sera jamais embarrassé de rivaliser avantageusement avec la majeure partie des concurrents qui se présenteront.

QUELQUES OBSERVATIONS. ✝

Commençons d'abord par rectifier une erreur généralement admise.

1° Tous les jours des personnes, très-honorables du reste, viennent vous dire avoir vu, avoir connu des patineurs écrivant leur nom sur la glace. C'est à regret que nous devons démentir cette assertion, bien faite pour captiver, mais dénuée de tout fondement. Non-seulement une suite de lettres ne peut se tracer correctement, mais une seule même ne pourrait s'exécuter d'une manière satisfaisante.

On comprendra que cette lettre doit être précédée d'un élan, puis suivie d'un autre coup de patin après l'avoir achevée. De sorte que toutes ces lignes inextricables se mêleraient et se croiseraient de manière à être méconnaissables. D'ailleurs, tous les coups de patin sont symétriques, circulaires : comment alors rompre brusquement leurs contours par des figures qui s'écarteraient de cette règle invariable? Ce qu'il y a de bien certain, c'est que personne encore n'a obtenu ce tour de force, si souvent, si complaisamment cité. La simple connaissance théorique de l'art du patin suffit d'ailleurs pour faire rejeter cette vieille histoire avec tant d'autres préjugés. Quant à nous, une conviction acquise par l'expérience nous la fait repousser complétement (1).

2° La jeunesse est la première condition pour apprendre à patiner. Un enfant va tomber dix fois sans y faire attention ; dans l'âge mûr, les chutes intimident, et non sans raison.

3° On devra chausser ses patins sur la glace, et non sur la terre comme offrant plus de sécurité.

4° Il est bon de s'habituer à regarder au loin et autour de soi pour éviter des rencontres, et ne pas tenir les yeux fixés à ses pieds.

5° Quand après un travail assidu on n'aura pu saisir un pas quelconque, il faudra l'abandonner une heure ou deux, et même le remettre au lendemain. En reprenant, on sera tout étonné de réussir.

(1) Voici la seule manière d'écrire son nom sur la glace. C'est de prendre un point d'appui sur un pied, puis, avec le talon pointu du fer de l'autre, tracer sur place, comme avec un stylet, de petites lettres à volonté. Cela se réduit à une plaisanterie.

6° En se rappelant ce qui a été dit sur la glace, il sera facile d'en apprécier la solidité. Par précaution, les réunions nombreuses sur un petit espace devront être évitées. Il est évident qu'elles pourraient causer une catastrophe, si la gelée n'était pas forte, ou si elle était trop récente.

7° L'évaporation de l'eau et son absorption laissent souvent un intervalle entre sa superficie et la glace, surtout sur les bords ; le poids des glisseurs et autres doit nécessairement y produire un affaissement. De là ces craquements qui effraient tant. Ils n'ont rien d'inquiétant ; car la glace venant à s'asseoir et à porter sur l'eau, y acquiert d'autant plus de force.

Il reste une dernière recommandation, déjà mentionnée, mais on ne saurait trop la faire. C'est de s'occuper plus particulièrement de la jambe rebelle, de la travailler sans relâche et de préférence à la bonne.

Sur le point de faire mettre sous presse, nous apprenons qu'il existe un Manuel du Patinage, paru en 1853. Ce traité nous était tout à fait inconnu. L'auteur y fait généralement preuve de plus d'esprit et d'érudition que de connaissance dans l'art qu'il veut décrire. Nous regrettons de différer, sur plus d'un point, de manière de voir avec lui.

1° Les prairies, qu'il signale comme les endroits les plus avantageux, peuvent quelquefois devenir funestes, en raison de la sécurité qu'elles semblent offrir. Elles recouvrent souvent des fossés profonds, des cours d'eau; la glace s'y affaisse, par suite de l'absorption de la terre; les abords en sont quelquefois difficiles : en un mot, elles ne méritent pas toute la faveur qu'on leur accorde assez ordinairement.

2° La cambrure de la lame du patin est indispensable. C'est elle qui détermine les circonvolutions.

3° La double cannelure que signale l'auteur n'a aucune importance.

4° Les pirouettes et les crochets, tout en partant du même principe, sont parfaitement distincts l'un de l'autre. Le crochet se termine sur toute la longueur de la lame et peut se varier en sautant; la pirouette doit toujours s'achever sur la pointe du talon.

5° L'auteur ne connaissait pas le modèle de patin que nous décrivons. Autrement il n'eût certes pas manqué d'en parler.

Nous avons surtout remarqué la façon spirituelle et peu compromettante avec laquelle il se tire d'affaire. Ainsi rarement il se prononce catégoriquement. En exposant plusieurs systèmes à la fois, il laisse toujours libre d'adopter celui qui convient. Il mentionne simplement, il n'instruit pas ; et même il place presque toujours son lecteur dans un doute embarrassant. Les uns lui ont dit qu'il fallait agir de telle manière, d'autres différemment. Il ne spécifie jamais, par conséquent, comment on doit procéder. On eût été en droit bien certainement de désirer que la partie du patinage, étant la plus essentielle, fût traitée plus longuement et surtout mieux définie.

Nous reprocherons donc au Manuel du Patinage d'avoir été écrit par un auteur fort peu versé dans la pratique de l'art qu'il voulait enseigner. Il a dû nécessairement se rejeter sur ses ressources d'écrivain, ce qui fait qu'il traite son sujet presque en fantaisiste. Toutefois, notre impartialité nous fait un devoir d'ajouter qu'il y a dans son livre, comme dans tous les livres spéciaux en général, de très-bonnes choses, dont un amateur du patin pourrait faire son profit.

Il ne nous a pas été difficile de donner un traité plus complet, beaucoup plus pratique, et qui puise son principal mérite dans notre expérience personnelle.

FIN.

TABLE

	Pages.
Préface	1
Introduction	5
De la glace	41
Des différentes espèces de patins	45
Patins à roulettes	49
Fixation des patins	49
Garniture ordinaire	50
Id. à l'anglaise	51
Id. à la parisienne	51
Monture de M. Garcin	52
Id. allemande	53
Id. de M. Panchèvre	55
Attitude des bras	55
Bras fixes	57
Costume du patineur	59

Pages.

De la carre du patin 60
Premiers principes pour patiner 63
De l'élan.................................. 66
Du dedans en avant......................... 68
Du dehors en avant......................... 70
Aller en arrière........................... 74
Principes pour aller en arrière................ 75
Du dehors en arrière........................ 76
Des dehors en arrière successifs 77
Du dedans en arrière........................ 79
Moyen de l'obtenir.......................... 80
Des crochets 81
Des pirouettes............................. 83
Manière de s'arrêter sur le patin.............. 84
   Id. de se retourner...................... 85
Pas composés............................. 86
De la révérence 88
Du pas de 8.............................. 89
De la renommée............................ 90
Des dehors croisés en avant.................. 91
Du manége................................ 92
De la bouline hollandaise.................... 93
Le pas de bise............................. 94
Le casse-cou 95
L'adonis 96
Des pas de fantaisie........................ 98
Passage du dehors en avant, etc.............. 99

Pages.

Exercices de fantaisie 100

Des doubles dehors en arrière 100

Manière de saluer 101

Composition de figures à deux, à trois, etc..... 102

Les olivettes................................. 103

Les tourtereaux 103

Des grands dehors à deux..................... 104

De la renommée à deux 104

Conclusion 106

Quelques observations......................... 106

FIN DE LA TABLE.

www.ingramcontent.com/pod-product-compliance
Lightning Source LLC
LaVergne TN
LVHW021845170726
843503LV00003B/1077